BEI GRIN MACHT SICH IHR WISSEN BEZAHLT

- Wir veröffentlichen Ihre Hausarbeit,
  Bachelor- und Masterarbeit

- Ihr eigenes eBook und Buch -
  weltweit in allen wichtigen Shops

- Verdienen Sie an jedem Verkauf

Jetzt bei www.GRIN.com hochladen
und kostenlos publizieren

Martin Gayer

Klima und Kulturgeschichte

Von der Antike bis in die Neuzeit

GRIN Verlag

Bibliografische Information der Deutschen Nationalbibliothek:

Die Deutsche Bibliothek verzeichnet diese Publikation in der Deutschen National-
bibliografie; detaillierte bibliografische Daten sind im Internet über http://dnb.d-
nb.de/ abrufbar.

Impressum:

Copyright © 2007 GRIN Verlag GmbH
Druck und Bindung: Books on Demand GmbH, Norderstedt Germany
ISBN: 978-3-640-15556-9

Dieses Buch bei GRIN:

http://www.grin.com/de/e-book/114067/klima-und-kulturgeschichte

Albert-Ludwigs Universität Freiburg im Breisgau

Institut für Meteorologie

Hauptseminar: Atmosphärische Umwelt, SS 2007

Datum: 06.07.07

Klima und Kulturgeschichte –
von der Antike bis in die Neuzeit

Martin Gayer

Inhalt:

Inhalt:.. 2

1. Einleitung... 3

2. Klimadeterminismus 3

   2.1 Bedeutung des Klimas in der Antike 3

   2.2 Neuzeitlicher Ansatz 5

3. Der ökologische Ansatz.. 6

4. Quellenlage 7

   4.1 Direkte Daten 8

   4.2 Indirekte Daten.. 10

5. Einflüsse des Klimas auf die Kulturgeschichte 11

   5.1 Klimaoptimum der Antike 300 v.Chr. bis 300 n.Chr. 11

   5.2 Völkerwanderung 3. bis 6. Jahrhundert... 12

   5.3 Exkurs: Untergang der Maya 750 bis 900 n.Chr. 13

   5.4 Hochmittelalterliche Klimagunst 1000 bis 1330 n.Chr................................ 13

   5.5 Neuzeitliches Klimapessimum 1330 bis 1850 n.Chr. 14

6. Schlussbetrachtung 16

Literatur 18

1. Einleitung

In den letzten 2000 Jahren gab es immer wieder Schwankungen in den Klimaverläufen. Es stellt sich die Frage, inwieweit historische Wetter- und Klimaverläufe vergangene Gesellschaften beeinflusst haben. Oft werden, im Alltagsverständnis und der Wissenschaft, verschiedene Theorien herangezogen, um Zusammenhänge zwischen dem Klima und historischer Entwicklungen herzustellen bzw. zu erklären. In dieser Arbeit werden zunächst naturdeterministische Erklärungsmodelle vorgestellt, die eine monokausale Wirkung des Klimas auf Gesellschaften behaupten. Am Anschluss werden der sich davon abgrenzende Ökologische Ansatz, die historische Klimatologie sowie die Quellenlage beschrieben. Als weiterer Punkt wird zur Erklärung der Quellenlage auf die Forschungsrichtung der historischen Klimatologie eingegangen. In Kapitel 5 wird, angefangen von der Antike über das Mittelalter bis zur Neuzeit in groben Zügen aufgezeigt, welchen Einfluss das Klima auf die menschliche Kulturgeschichte hatte.

2. Klimadeterminismus

Der Klimadeterminismus geht von der Vorstellung aus, dass, dass das Klima unmittelbar für die Entwicklung und Ausbildung einer Gesellschaft verantwortlich ist. Mediziner, Philosophen, Geographen und andere Wissenschaftler versuchten über Jahrhunderte hinweg, einen monokausalen Zusammenhang zwischen dem Klima und gesellschaftlichen Ereignissen, der Gesundheit des Einzelnen bis hin zu ganzen Völkern oder sogar dem Aufstieg und Niedergang ganzer Zivilisationen herzustellen. (Stehr, Storch 1997).

2.1 Bedeutung des Klimas in der Antike

Den Versuch, das Klima als Erklärung für die gesellschaftlichen Ereignisse der Antike heranzuziehen, lässt sich schon bei Hippokrates, Plato und Aristoteles sowie bei weiteren griechischen und römischen Philosophen nachweisen. Insbesondere die Arbeiten des Arztes Hippokrates von Kos (ca. 460 - ca. 377 v.Chr.) zeigen eine starke Auseinandersetzung mit dieser vermeintlichen Kausalität. In seinem überlieferten Buch *Luft, Wasser und Ortschaften* vertritt er Thesen über die Beziehung von Klima, Wasser und Bodenbeschaffenheit. zur körperlichen und seelischen Verfassung der Bevölkerung eines Landes. Sein Wissen über verschiedene Klimate verwendete er dabei auch, um die Lebensgewohnheiten und Eigenschaften von Menschen an verschiedenen Orten zu begründen. Aristoteles (384 – 322 v.Chr.) sah das gemäßigte Klima Griechenlands als Ursache für die Dominanz der Griechen über andere Völker. Er ging davon aus, dass sich aus der Lage Griechenlands in den mittleren Breite eine physische und psychische Überlegenheit der Griechen ergebe. Daraus leitete er einen Herrschaftsanspruch des Landes über andere, in seinen Augen weniger mutige und intelligente Völker ab (Pfister 1984; Stehr, Storch 1997).

Ein Auszug aus seinem Werk ‚*Die Politik*' (Πολιτικά: Die politischen Dinge) verdeutlicht die naturdeterministische Weltanschauung Aristoteles':

> „[...] *Man kann sich darüber schon einigermaßen ein Urteil bilden, wenn man auf die berühmteren griechischen Städte und die ganze bewohnte Erde, wie sie unter die Völker verteilt ist, einen Blick wirft. Die Völker in den kalten Strichen und in Europa sind zwar mutvoll, haben aber wenig geistige und künstlerische Anlage und behaupten deshalb zwar leichter ihre Freiheit, sind aber zur Bildung staatlicher Verbände untüchtig und ihre Nachbarn zu beherrschen unfähig. Die asiatischen Völker haben einen hellen und kunstbegabten, dabei aber furchtsamen Geist, und deshalb befinden sie sich in beständiger Dienstbarkeit und Sklaverei. Das Geschlecht der Griechen aber hat, wie es örtlich die Mitte hält, so auch an den Vorzügen beider teil und ist mutig und intelligent zugleich. Deshalb behauptet es sich immerfort im Besitz der Freiheit und der besten staatlichen Einrichtungen und würde alle Nationen beherrschen können, wenn es zu einem Staate verbunden wäre. Ganz auf dieselbe Weise sind aber auch die einzelnen griechischen Stämme unter sich verschieden. Die einen sind einseitig veranlagt, in den anderen sind die beiden genannten Vorzüge in glücklicher Mischung miteinander verbunden. Man sieht also, daß diejenigen, die der Gesetzgeber leicht zur Tugend soll leiten können, von Natur intelligent und mutig sein müssen.[...]"*

2.2 Neuzeitlicher Ansatz

Nach dem Mittelalter, während dem mehr mystische und göttliche Ansichten über das Wettergeschehen herrschten, wurde seit der Zeit der Aufklärung der deterministische Ansatz abermals forciert. Anthropologen, Historiker, Mediziner, Geographen oder Soziologen machten die antiken Thesen wieder publik. Persönlichkeiten wie Montesquieu (1689 - 1755) und Voltaire (1694 – 1778) bezogen sich auf die Lehren des Hippokrates und wandelten diese leicht ab. „*Fruchtbare Landschaften bringen weiche, weniger fruchtbare Landstriche aber heroische Individuen hervor*". Auch Montesquieu leitete – wie einst Aristoteles – aus der Lage Frankreichs in den mittleren Breiten einen Herrschaftsanspruch seines Landes, Frankreich, ab. Der Philosoph Hegel (1770 - 1831) behauptete, dass eine Kultur sich eigentlich nur im Rahmen eines moderaten Klimas entwickeln könne (Stehr et al 1997) – ein damals völlig schlüssiger Ansatz. Auch die Enzyklopädien dieser Zeit stellten einen Zusammenhang zwischen ethnischen Unterschieden und klimatischen Bedingungen her. Noch in den dreißiger Jahren des letzten Jahrhunderts wurden die physischen und psychischen Unterschiede der Völker nördlicher und südlicher Regionen von dem Heidelberger Sozialpsychologe Willy Hellpach (1877 - 1955) mit folgender Aussage beschrieben:

"[...] *im Nordteil eines Erdraums überwiegen die Wesenszüge der Nüchternheit, Herbheit, Kühle, Gelassenheit, der Anstrengungswilligkeit, Geduld, Zähigkeit, Strenge, des konsequenten Verstandes- und Willenseinsatzes - je im Südteil die Wesenszüge der Lebhaftigkeit, Erregbarkeit, Triebhaftigkeit, der Gefühls- und Phantasiesphäre, des behäbigeren Gehenlassens oder augenblicklichen Aufflammens. Innerhalb einer Nation sind ihre nördlichen Bevölkerungen praktischer, verlässlicher, aber unzugänglicher, ihre südlicheren musischer, zugänglicher (gemütlicher, liebenswürdiger, gesprächiger), aber unbeständiger. [...]"*

Zur Zeit des Nationalsozialismus wurde in Deutschland der Klimadeterminismus als Teil der Rassenwissenschaften an Schulen und Universitäten gelehrt (Pfister 1984; Stehr et al 1997; Storch et al 2002)
Nach dem zweiten Weltkrieg verlor die Forschungsrichtung des Klimadeterminismus in Europa immer mehr an Bedeutung, wurde jedoch nicht vollkommen verbannt.

Noch heute ist nach Ansicht von Hans von Storch und Nico Stehr (2002) ein Teil dieses konsistenten Weltbildes als Allgemeinwissen verbreitet. Demnach herrscht immer noch die bizarre Ansicht, dass Menschen aus dem „kühlen Norden" produktiver und zuverlässiger seien als die angeblich sorg- und antriebslosen Menschen aus dem „heißen Süden".

Die Verbindung zwischen Klima und Kulturgeschichte, wie sie in dieser Arbeit vorgestellt wird, distanziert sich von den deterministischen und aristotelischen Ansichten. Das Klima ist vielmehr eine von vielen Komponenten, wie im folgenden Ökologischen Ansatz beschrieben, welche den Menschen beeinflusst.

3. Der ökologische Ansatz

Von der Wortfindung 1869 durch den Biologen Ernst Heckel, hat sich das Verständnis und die Bedeutung des Wortes Ökologie bis heute immer wieder gewandelt. Anfangs war es die Wissenschaft von den Beziehungen der Organismen zur umgebenden Außenwelt. Weitere Modifizierungen wurden in den letzten Jahrzehnten des zwanzigsten Jahrhunderts ausgearbeitet. Das Ökosystem kam als Modell der Wechselbeziehungen zwischen den Elementen der Lebewesen und ihrer unbelebten Umwelt hinzu. Des Weiteren wurde festgestellt, dass auch verschiedene Ökosysteme in Beziehung miteinander stehen und gemeinsam die so genannte Biosphäre bilden. Als letzte Stufe der Biosphäre wird im aktuellen Ansatz der Ökologie der Mensch in die Kreisläufe miteinbezogen. Mit ihm finden physische, kulturelle und soziale Systeme Einzug in die umfassende Lehre.

Die Darstellungen von rein linear verlaufenden Kausalitäten verlieren in dieser Betrachtungsweise ihren Einfluss. Es gilt, die Dinge in einem komplexen, interdisziplinären Ganzen zu verstehen (Pfister 1984).

Um die Erkenntnisse aus verschiedenen Disziplinen wie Geographie, Klimatologie, Soziologie, Biologie und Agrarwissenschaften miteinzubeziehen und in einen Zusammenhang zu stellen, schlägt Pfister (1984) eine *verschachtelte Systemhierarchie* vor.

Das Klimasystem ist als weltumspannendes System zu sehen, welches sich aus Atmosphäre, Kryosphäre, Biosphäre, Lithosphäre und Hydrosphäre zusammensetzt. Diese Subsysteme stehen in zahlreichen Wechselbeziehungen zueinander.

Innerhalb der Biosphäre können so die Interdependenzen der agrarischen Nutzungssysteme und der demographischen Systeme im Bezug auf die Atmosphäre untersucht werden. Es gibt direkte Relationen zwischen dem Klimasystem und dem demographischen System als auch indirekte über die agrarischen Systeme (Pfister 1984). Weitere sich daraus ergebende Folgen wie Gunst- und Ungunstphasen sollen in dieser Arbeit nur als mitwirkende Komponenten des Klimasystems verstanden werden, jedoch nicht als monokausale Resultate. Im Gegensatz zu Tieren, die zur Adaption in verschiedenen Klimaten fähig sind, hat der Mensch die Fähigkeit zur Innovation. Er wird nicht durch das Klima gelenkt, sondern es stellt einen Stressfaktor von vielen dar.

4. Quellenlage

Um einen Zusammenhang zwischen den Klimaverhältnissen im Kontext der verschachtelten Systemhierarchie und der Kulturgeschichte verschiedener Völker herstellen zu können, sollte man sich möglichst an glaubhaften und überprüfbaren Quellen für die historische Gegebenheiten orientieren.

Die Forschungsrichtung der Historischen Klimatologie beschäftigt sich mit den komplexen Interaktionen zwischen Mensch und Umwelt. In diesem Sinne verfolgt sie die Rekonstruktion und die Interpretation vergangener Klimate und vergleicht diese mit aktuellen und zukünftigen Klimaentwicklungen. Es werden vielfältige Verknüpfungen der Umweltwissenschaften zu den Geschichtswissenschaften geschaffen. Eine eindeutige Rekonstruktion des Klimas hängt dabei sehr von der Quellenlage der zu untersuchenden Zeitperiode ab und ist dabei auch mit Defiziten in der Exaktheit der überlieferten Quellen belastet (Glaser 2001). Für die letzten 1000 Jahre hat Glaser (2001) umfassendes Datenmaterial zusammengetragen und ausgewertet. Die Kurve in Abbildung 1 zeigt den Übergang vom Mittelalterlichen Wärmeoptimum, der kleinen Eiszeit bis hin zum Modernen Klimaoptimum auf.

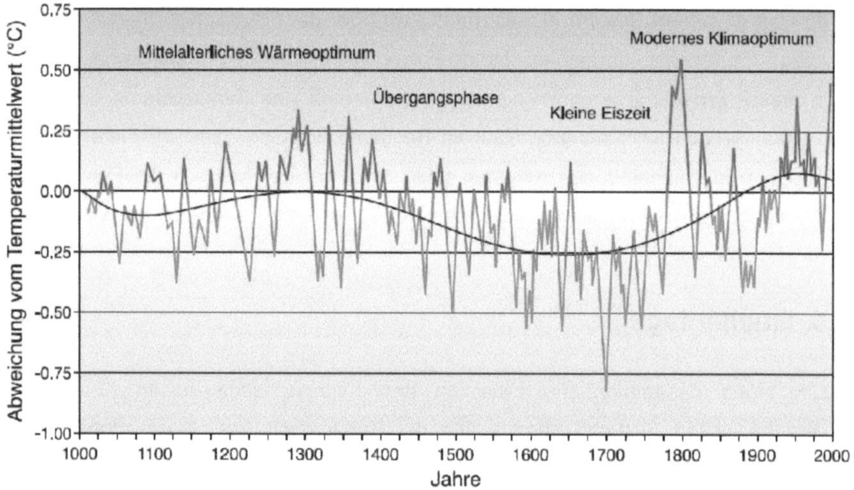

Abbildung 1: Temperaturverlauf der letzten 1000Jahre. Die Kurve entspricht einem mittelfristigen Verlauf über einen 31-jährigen Filter

In der historischen Klimatologie unterscheidet man zwischen direkten und indirekten Quellen, welche im Weiteren beschrieben werden.

4.1 Direkte Daten

Direkte Daten beinhalten Beobachtungen von Wetterereignissen, die in Witterungstagebüchern oder Wetterbeschreibungen festgehalten wurden. In der Neuzeit wurden erstmals Messungen von Klimaelementen wie Temperatur, Luftdruck und Niederschlag vorgenommen. Vor der Einrichtung staatlicher Messstationen in Mitteleuropa (ca. 1780) lassen sich die Datengrundlagen nach Pfister (2001) in vier zeitliche Abschnitte unterteilen. Die genannten Quellengrundlagen sind dabei nicht ausschließlich auf die einzelnen Zeitabschnitte zu beziehen, sondern können kumulativ von den älteren bis jüngeren Zeiträumen in Mitteleuropa verstanden werden.

1. Vor dem 13. Jahrhundert wurden hautsächlich Anomalien und Naturkatastrophen beschrieben. Einige brauchbare Aufzeichnungen hinterließen die Karolinger in ihren Chroniken. Im 10. und 11. Jahrhundert,

ist die Quellenlage eingeschränkt. Einfälle von Normannen, Slawen und Ungarn waren die Ursache dafür, dass kaum Aufzeichnungen überliefert sind. Durch die Wiederentdeckung der griechischen Naturphilosophen Plato und Aristoteles wurden im ausgehenden 11. Jahrhundert wieder mehr Naturereignisse schriftlich festgehalten. Prozentual sind für Deutschland von 1000 bis 1099 n.Chr. ca. 35% der Jahre und von 1100 bis 1299 n.Chr. rund 85 % durch Quellen belegt (Pfister 2001; Glaser 2001).

2. Ab dem 13. bis 15. Jahrhundert ist eine fast lückenlose Aufzeichnungsreihe der Sommer und Winter vorhanden, teilweise auch der Herbste und Frühjahre. Dabei gilt: Je ausgeprägter eine Jahreszeit war, desto ausführlicher und öfter wurde sie dokumentiert. Überschwemmungen, Stürme und Gewitter wurden je nach Dauer und Ausgeprägtheit beschrieben. Hochwassermarken wurden in vielen Städten an Mauern, Brücken oder Gebäuden festgehalten und sind teilweise heute noch zu sehen. Von 1300 bis 1499 n.Chr. sind ungefähr 90% der Jahre durch Quellen dokumentiert (Pfister 2001; Glaser 2001).

3. Vom 15. bis zum 18.Jahrhundert ist eine nahezu durchgehende Beschreibung der monatlichen bis hin zur täglichen Witterung vorhanden. Die Erfindung des Buchdrucks und die größer werdende Zahl an Bürgern, die des Schreibens und Lesens mächtig waren, führten zu einer Vielzahl an Wetteraufzeichnungen. Ab dem 15. Jahrhundert sind zu 100% Wetterdaten über die einzelnen Jahre vorhanden. (Pfister 2001; Glaser 2001)

4. Ab 1680 bis 1860 sind instrumentelle Wettermessungen auf individueller Basis aufgezeichnet worden. Es wurden grundlegende Messgeräte und Skalen entwickelt. Evangelista Torricelli (1608 – 1647) erfand das Quecksilberbarometer. Daniel Fahrenheit (1686 – 1736) und Anders Celsius (1701 – 1744) entwickelten die nach ihnen benannten Temperaturskalen. Zur Feuchtigkeitsmessung erfand Horace Bénédict de

Saussur (1740 – 1799) das Haarhygrometer. Teilweise wurde auch mit ersten kurzlebigen Messnetzen experimentiert (Pfister 2001).

4.2 Indirekte Daten

Als indirekte Daten, auch Proxydaten genannt, bezeichnet man alle Informationen, aus denen sich Informationen zum Klima ableiten lassen. Sie bilden einen umfangreichen Quellenbestandteil, bei dem die richtige Interpretation eine wichtige Rolle spielt. Unterteilt werden diese in biologische und physikalische Daten. Viel verwendete biologische Datentypen sind Aufzeichnungen zu Wein, Getreide und Heu. Auch die jahreszeitlichen Unterschiede in Baumringen werden genutzt. Vereisungsangaben und Hoch- und Tiefwassermarken werden zu den physikalischen Informationen gezählt.

Wein

Der Weinbau wird oft als Klimaindikator herangezogen, da die Blüte und Ernte des Weins, aber vor allem seine Güteangaben sehr aussagekräftig über die damals vorherrschenden Klimaverhältnisse sind. Hinzu kommen dokumentierte Ernteausfälle durch Hagel oder Frostschäden. Die Anbaugrenzen geben des weiteren Aufschluss über die räumliche Verbreitung. Weniger glaubwürdig werden die beschriebenen Erntemengen betrachtet, da sich oft ein Lokalpatriotismus der Chronisten in überzogenen Angaben widerspiegelt.

Getreide

Das Datum der üblichen Zehentenbesteuerung kann in Beziehung zu den Temperaturen im Früh- und Hochsommer gesetzt werden. Mit der Wintergetreideernte wurde erst begonnen, wenn der Mindestwert des Zehenten festgelegt war. Dabei sind die Höhe und der Breitengrad des jeweiligen Gebietes zu beachten. Die Getreidepreise korrelierten meistens auch mit den Ernteerträgen. Fast alle Spitzenpreise liegen in Jahren mit ungünstigen Witterungsbedingungen. Wie beim Wein sind auch Unwetterschäden in Form von Ernteausfällen dokumentiert worden und geben somit Aufschluss über Unwetterereignisse.

Heuertrag

Als Futtermittel wurde Heu den Winter über genutzt. Nach Missernten oder langen Wintern waren die bäuerlichen Existenzen durch den Verlust von Vieh aufgrund knapper Heuvorräte bedroht. Daher standen die Heuerträge, ähnlich den Getreideerträgen, im damaligen Interesse und sind auch schriftlich festgehalten worden.

Baumringe

Die jahreszeitlichen Wechsel in Mitteleuropa hinterlassen ihre Spuren in den Wachstumsringen der Bäume. Durch eine sachgemäße Interpretation ist es möglich, vergangene Witterungsverhältnisse abzulesen. Für moderate Jahre zeigen die Baumringe verschiedener Hölzer in der Gegenüberstellung ein meist heterogenes Bild. Im Gegensatz dazu lassen sich Jahre mit Wetterextremen gut nachweisen und vergleichen. Diese eindeutigen Signaturen werden auch Weiserintervalle genannt. (Pfister 2001; Glaser 2001)

5. Einflüsse des Klimas auf die Kulturgeschichte

Nachdem verschiedene Betrachtungsweisen der Interaktionen von Mensch und Klima und die Techniken der historischen Klimaforschung aufgezeigt wurden, werden in diesem Kapitel einige Zusammenhänge von Kultur und Wettergeschichte der letzten 2300 Jahre dargestellt. Dabei wird nicht ein eindeutiger, aber ein teilweiser Einfluss des Klimas auf manche Ereignisse der Geschichte aufgezeigt.

5.1 Klimaoptimum der Antike 300 v.Chr. bis 300 n.Chr.

Mit 1 - 1.5°C höheren Jahresmitteltemperaturen als heute, wird die Zeit um 300 v. Chr. bis 300 n. Chr. als Klimaoptimum bezeichnet. Es war eine Gunstzeit für die verschiedenen Kulturen des Mittelmeerraumes. Griechen, Phönizier, Karthager und Römer waren die vorherrschenden Völker. Das 753 v.Chr. gegründete Römische Reich expandierte ab 200 v.Chr. sehr stark. Ein bis dahin limitierender Faktor für die Nordexpansion, die Passierbarkeit der Alpenpässe, fiel durch die höheren Temperaturen weg und erleichterte somit auch die Verwaltung des Reiches nach Norden.

In ganz Mitteleuropa blühte die Landwirtschaft auf und es kam zur zahlreichen Städtegründung auch in abgelegenen Lagen, was den Rückschluss auf eine leistungsfähige Landwirtschaft und Infrastruktur zulässt. Ein Beispiel hierfür ist Trier als erste deutsche Stadt.

Ein anderes Indiz für ein sehr günstiges Klima ist der von den Römern bis nach Britannien exportierte Weinbau nach der Invasion im Jahre 54 v.Chr. sowie seine Anpflanzung bis in die höheren Lagen in Norditalien und in Deutschland.

Internationaler Handelsverkehr fand damals in Nord-Süd-Richtung statt sowie über die Seidenstraße, der West-Ost-Verbindung von Rom bis nach China. Ohne die zur Verfügung stehenden Versorgungsmöglichkeiten entlang dieser Handelsachsen mit Wasser und Agrarprodukten wäre dieser weitreichende Güteraustausch über die Seidenstraße erst gar nicht möglich gewesen. Auch die allgemein gute Versorgung mit Nahrungsmitteln aus Jordanien und Syrien, den Kornkammern Roms, begünstigte neben anderen Faktoren das Anwachsen des Römischen Imperiums (Lamb 1989; Blümel 2002).

5.2 Völkerwanderung 3. bis 6. Jahrhundert

Im 3. Jahrhundert n. Chr. wird das warme und stabile Klima in Süd- und Mitteleuropa durch ein kühleres und wechselhafteres Klima abgelöst. Die nächsten 300 Jahre sind gekennzeichnet durch den Zerfall des Römischen Reiches, Siedlungsaufgaben und einsetzende Wanderungsbewegungen in Teilen Eurasiens. Das Anwachsen der Alpengletscher macht die zuvor genutzten Verkehrswege nach Norden unpassierbar und führt zur Aufgabe von Goldminen.

Missernten und dadurch auftretende Versorgungsengpässe in Nord- und Nordwesteuropa werden als Auslöser für die einsetzende Wanderungsbewegung von Norden nach Süden gesehen. Für Italien, Arabien und Innerasien sind ab 270 n. Chr. Abkühlungen und Aridisierungen dokumentiert. Zwischen 300 und 400 n. Chr. kommt die Seidenstraße zum Erliegen, wahrscheinlich durch Austrocknung der Weideflächen in Zentralasien und Abwanderung der dortigen Volksstämme nach Westen. Hunneneinfälle nach Europa, die oftmals als Grund der Wanderungsbewegung angenommen werden, sind wohl eher ein verstärkender Faktor gewesen, da dieser Völkerwanderung eher eine klimatisch begründete physische und soziale Krise zugrunde liegt (Blümel 2002).

5.3 Exkurs: Untergang der Maya 750 bis 900 n.Chr.

Die Kulturgeschichte im Bezug auf das Klima ist in Mittelamerika weit weniger untersucht als in Europa. Während man sich in Europa, je nach Zeitalter, auf mehr oder weniger Proxydaten und direkte Daten zur historischen Klimaforschung stützen kann, beschränkt sich die Klimaforschung in Mittelamerika auf die chemische und physikalische Auswertung verschiedenen Sedimente, da bis heute keine schriftlichen Überlieferungen über die Witterungsverhältnisse bekannt sind.

Nachdem die Bevölkerung der Maya auf mehrere Millionen angewachsen war, ereignete sich im Zeitraum von 750 bis 900 n.Chr. ein demographischer Kollaps. Es wird angenommen, dass zwischen 550 bis 750 n.Chr. eine klimatische Gunstphase die Einwohnerzahl auf Grund von optimalen agrarischen Bedingungen ansteigen ließ. Allerdings war das Limit der Anbaukapazitäten wahrscheinlich weitestgehend ausgeschöpft. Der Feldbau stützte sich auf ein ausgeklügeltes Bewässerungssystem, das für Dürreperioden mit hohen Temperaturen jedoch sehr anfällig war.

Aktuelle Forschungsergebnisse weisen auf mehrere Dürreperioden von 3 bis 8 Jahren Dauer für den Zeitraum von 750 bis 900 n.Chr. hin. Diese waren höchstwahrscheinlich für den drastischen Bevölkerungsrückgang und den Stopp des zivilisatorischen Aufschwungs ausschlaggebend (Haug et al. 2003).

5.4 Hochmittelalterliche Klimagunst 1000 bis 1330 n.Chr.

Mit dem neuen Jahrtausend brach in Mitteleuropa eine weitere Zeit der Klimagunst an. Beständige Witterungsverläufe mit bis zu 2°C wärmeren Temperaturen im Mittel schafften optimale Bedingungen für die Landwirtschaft. In den Mittelgebirgen stiegen die Anbaugrenzen um 200 Meter an. Die Bevölkerungsdichte wuchs genauso wie die Flächennutzung auf ein bis dahin nicht erreichtes Höchstmaß, und Waldbestände wichen zugunsten von Dauergrün- und Ackerland (Blümel 2002).

In bisher ungünstigen Lagen Ostpreußens, Pommerns oder Südschottlands wurde Wein angebaut, und der Getreideanbau war in Norwegen bis zum 65. Breitengrad möglich (Blümel 2006).

In ganz Mitteleuropa nahmen Städtegründungen rasant zu. Nach Blümel (2002) schaffte das Klimaoptimum für die Landwirtschaft ideale und nachhaltige Produktionsbedingungen und ermöglichte infolgedessen erst die Versorgung von

Stadtbevölkerungen. Den Aufschwung von Handel und Dienstleistungen führt er ebenfalls auf eine Überproduktion von Agrarprodukten zurück.

Als einen weiteren Indikator einer aufstrebenden Gesellschaft sieht Blümel die Kunstwerke die sie hervorbringt. Im Hochmittelalter waren es der Stil und die Bauweise der Gotik, die man als Ableitung für die Schöpferkraft und Produktivität der Gesellschaft dieser klimatisch begünstigten Zeit sehen kann (Blümel 2002; Blümel 2006).

Abbildung 2: Freiburger Münsterturm im gotischen Stil

5.5 Neuzeitliches Klimapessimum 1330 bis 1850 n.Chr.

Nach dem Hochmittelalter dominierte eine große Variabilität und Unbeständigkeit im Wettergeschehen das Klima in Mitteleuropa. Häufige Gletschervorstöße sind die Anzeiger von niedrigeren Temperaturen und einem veränderten Strahlungshaushalt (Blümel 2006). Das 14.Jahrhundert begann mit extremen Überschwemmungen bis hin zur so genannten Jahrtausendflut 1342. Durch mehrtägige sintflutartige Regenfälle im Juli dieses Jahres wurden zahlreiche Brücken in ganz Deutschland zerstört. Weitere Folgen waren großflächige Veränderungen in der Landschaft durch die Bodenerosion. Teilweise rissen die Fluten Schluchten von bis zu 14 Metern Tiefe. Aus der Vernichtung der Ernte resultierten Engpässe bei der Nahrungsversorgung bis hin zu Hungersnöten. Der Verlust von kostbarem Boden durch die sich wiederholenden Überschwemmungen kam erschwerend für die Landwirtschaft hinzu. Alleine der Jahrtausendflut, so schätzt Blümel (2006), ist die Hälfte des Bodenverlustes der letzten zweitausend Jahre anzurechnen.

Weitere Fluten und Missernten zermürbten nach und nach die Bevölkerung. Die Anfälligkeit für Infektionskrankheiten stieg an. 1347 und 1352 brach die Pest aus und dezimierte die Bevölkerung um mehr als 40 Prozent (Glaser 2001; Blümel 2006).

Durch Umbenennungen von Worten wie Sintflut in Sündflut zu dieser Zeit kann man die Reaktionen in der damaligen Gesellschaft erahnen. Es erfolgte eine Umkehr von der kreativen Zeit des Spätmittelalters hin zu einer Zeit des Aberglaubens. Hexenverfolgungen auf Grund von Schlechtwetter- oder Extremereignissen wurden mit erzwungenen Geständnisse gerechtfertigt (Blümel 2006; Glaser 2001). Um 1484 erklärte Papst Innozenz der VIII. auf Drängen des Dominikanermönchs Heinrich Kramer in seiner Bulle "Summis desiderantes affectibus", dass Hexen tatsächlich auf das Wetter katastrophalen Einfluss nehmen könnten. Kramer selbst brachte dann seinen berüchtigten "Hexen Hammer" heraus und löste damit und mit dem päpstlichen Freibrief in den am meisten von Unwettern und Missernten betroffenen Gebieten Hexenpogrome aus.

Mit zunehmender Verschlechterung des Klimas weiteten sich die Hexenprozesse und -verbrennungen aus. Sie stehen nach zeitgenössischer Berichterstattung markant in Zusammenhang zu wetterbedingten Missernten, Teuerungen und Hungersnöten. Bis 1620 wurden auf diese Weise in allen Teilen Europas, aber zunehmend in dem vom Klimawandel am härtesten betroffenen Mitteleuropa, 2700 Personen nach Hexenprozessen "legal" und aufgrund wissenschaftlicher Gutachten, die der damals herrschenden Meinung entsprachen, ermordet (Behringer 1988).

Die Kleine Eiszeit vom 16.Jahrhundert bis 1850 zeichncto sich durch weite Gletschervorstöße und ein allgemein kühleres Klima in Mitteleuropa aus. Die Unregelmäßigkeiten in den Jahreszeiten führten zu massiven Problemen in der Landwirtschaft. Zu kurze Reifezeit, Mehltau, Fäulnis und Pilzbefall sorgten für geringe Ernteergebnisse und somit zur Verteuerung der Getreidepreise. Durch das Absinken der Anbaugrenze wurden in den Mittelgebirgen viele Siedlungen aufgegeben. Kennzeichnend für diese Zeit sind die zahlreichen künsterlischen

Darstellungen von Winterlandschaften und das Alltagsgeschehen auf zugefrorenen Wasserflächen.

Abbildung 3: Typische Darstellung einer Winterlandschaft während der kleinen Eiszeit

Es herrschte eine allgemeine Sozial- und Agrarkrise, die durch Land-Stadtwanderungen noch weiter verschärft wurde. Unhygienische Bedingungen und schlechte Versorgung in den Städten verschärften die Situation noch weiter. Die Bevölkerung Mitteleuropas nahm um zwanzig bis dreißig Prozent ab und eine große Abwanderung nach Amerika setzte ein (Blümel 2002; Glaser 2001).

6. Schlussbetrachtung

Das Wetter beeinflusst die Menschen in seinem kurz- oder langfristigen Verlauf in mehr oder weniger starken Ausmaße. Die Ansichten des Klimadeterminismus, menschliche Eigenschaften und Entwicklungsstände mit dem Wetter zu erklären, sind zu monokausal und begründen sich aus dem angeblichen Herrschaftsanspruch von Völkern über andere Völker. Der ökologische Ansatz gibt eine wissenschaftlich fundierte Herangehensweise an die komplexen Zusammenhänge zwischen den Systemen der Natur und des Menschen. Um den Klimaverhältnissen früherer Zeiten auf die Spur zu kommen, bieten die Methoden der historischen Klimaforschung einen hilfreichen Beitrag zur Rekonstruktion vergangener Klimate.

Es wird immer wieder Wetterereignisse in der Menschheitsgeschichte geben, die eine deterministische Betrachtungsweise fördern werden. Aktuell wird die Diskussion um eine vermeintliche Klimakatastrophe immer wieder von den Medien in einer sehr einseitigen Betrachtungsweise wiedergegeben. So werden beispielsweise Zahlen von zukünftigen Überflutungsopfern an gefährdeten Küstenregionen genannt oder auch vor Klimaflüchtlingen gewarnt. Es scheint so, als nähme man an, dass Menschen in Überflutungsgebieten warten, bis ihnen das Wasser bis zum Bauch steht. Ganz vergessen wird oftmals, dass viele Innovationen, in diesem Bezug zum Beispiel Dammbauten, erst in Notlagen getätigt wurden und werden und so die Lage entschärfen. Ein weiterer Aspekt ist, im Kontext der eventuellen Flüchtlingsströme, dass eine zunehmende deterministische Politisierung festzustellen ist, die mehr den Interessen von Politischen Entscheidungsträgern nützen, als gegebene (Klima-)Modelle und ihre Aussagen kritisch zu hinterfragen.

Der Mensch greift in den letzten Jahrzehnten drastisch in das Klimasystem ein, aber die Darstellungsweise der Problematik ist meistens sehr verzerrt und dient eher der Entstehung von vermeintlichem Allgemeinwissen als konstruktiven Lösungsansätzen.

Literatur

Aristoteles, Politik, 1. 9. Buch, 7. Kap., 1327 b 19 - 38.
Dt. Übersetzung: Aristoteles, Politik. Übersetzt und mit erklärenden Anmerkungen
versehen von Eugen Rolfes. Mit einer Einleitung und Günther Bien, Hamburg, 1990
S. 15 - 17 und S. 251. Griech. Textauszug: Aristotelis Politica. Recognovit brevique
adnotatione critica instruxit W. D. Ross, Oxford 1962, 1327 a 38 - 1328 a 52, S. 222
f.
Internetlink:http://www2.tu-erlin.de/fb1/AGiW/Auditorium/LaVoSprA/SO3/AristotP.htm

Behringer, Wolfgang (1988): Hexen und Hexenprozesse in Deutschland. München

Blümel, Wolf Dieter (2002): 20.000 Jahre Klimawandel und Kulturgeschichte – von
der Eiszeit bis in die Gegenwart. Jahrbuch aus Lehre und Forschung der Universität
Stuttgart.
Internetlink: http://www.uni-stuttgart.de/wechselwirkungen/ww2002/bluemel.pdf

Blümel, Wolf Dieter (2006): Klimafluktuationen - Determinanten für die Kultur und
Siedlungsgeschichte.- Nova Acta Leopoldina NF 94, Nr. 346: 13-36. (Institut für
Geographie der Universität Stuttgart)
Internetlink:http://www.geographie.uni-
stuttgart.de/dokumente/aktuelles/LEOPOLDINA_bluemel_2006.pdf

Glaser, Rüdiger (2001): Klimageschichte Mitteleuropas - 1000 Jahre Wetter, Klima,
Katastrophen. Darmstadt

Haug, Gerald H.; Günther, Detlef; Peterson, Larry C.; Sigman, Daniel M.; Hughen,
Konrad A,; Aeschlimann, Beat (2003): How does climate make history? Climate and
the Decay of the Maya Culture, Geo Forschungs Zentrum Potsdam. In: Science, 299,
5613 2003. 1731-1735 p.
Internetlink: http://www.gfz-potsdam.de/bib/pub/schule/climate_haug_0311.pdf

Lamb, Hubert H. (1989): Klima und Kulturgeschichte: Der Einfluß des Wetters auf
den Gang der Geschichte / - Leicht gekürzte Fassung. Reinbek bei Hamburg

Pfister, Christian (1984): Das Klima der Schweiz 1525 - 1860 und seine Bedeutung in der Geschichte von Bevölkerung und Landwirtschaft. Band 2: Bevölkerung, Klima und Agrarmodernisierung 1525 - 1860. Reihe: Academica Helvetica 6. Bern

Pfister, Christian (2001): Klimawandel in der Geschichte Europas - Zur Entwicklung und zum Potenzial der Historischen Klimatologie. In: Österreichische Zeitschrift für Geschichtswissenschaften 12.JG.,Heft 2, 2001. Hrsg. Erich Landsteiner
Internetlink: http://www.wsu.hist.unibe.ch/downloads/klimawandel.pdf

Stehr, Nico; Storch, Hans v. (1997): Das soziale Konstrukt des Klimas. In: VDI-Gesellschaft Energietechnik (Ed): Umwelt- und Klimabeeinflussung durch den Menschen IV, VDI Berichte 1330, 187-197
Internetlink: http://w3g.gkss.de/staff/storch/pdf/vdi.1997.pdf

Storch, Hans v.; Stehr, Nico (2002): Das Klima in den Köpfen der Menschen. In: Velbrück Onlinemagazine 2002/2 http://www.velbrueck-wissenschaft.de/pdfs/33.pdf